Bibliographic information published by the German National Library:

The German National Library lists this publication in the National Bibliography; detailed bibliographic data are available on the Internet at http://dnb.dnb.de .

Imprint:

Copyright © 2015 GRIN Verlag, Open Publishing GmbH
Print and binding: Books on Demand GmbH, Norderstedt Germany
ISBN: 978-3-668-08479-7

This book at GRIN:

http://www.grin.com/es/e-book/309396/construcciones-antisismicas-seguridad-ante-terremotos

Alexis Daniel Landero Herrera

Construcciones antisísmicas. Seguridad ante terremotos

GRIN Publishing

<u>Facultad de Ingeniería</u>

Benemérita Universidad Autónoma de Puebla

ENSAYO

Construcciones antisísmicas: seguridad ante terremotos

ALUMNO

Alexis Daniel Landero Herrera

LICENCIATURA

Ingeniería Civil

PERIODO

Otoño 2015

<u>RESUMEN</u>

Los sismos son movimientos del suelo producidos por el choque de las placas tectónicas. En México, por ejemplo, se producen sismos frecuentemente debido al constante movimiento de cuatro placas: Cocos, Norteamericana, Rivera y del Pacífico.

Los sismos, dependiendo de su magnitud, pueden causar distintos tipos de daños a las construcciones, los cuales pueden desencadenar pérdidas humanas y económicas. Es por ello que desde hace algún tiempo se han estado implementando construcciones que presenten una mayor resistencia ante estos fenómenos naturales, las cuales se denominan construcciones antisísmicas.

Las construcciones antisísmicas deben ser seguras, elásticas y simétricas, y pueden ser edificadas a base de distintos materiales como hormigón, madera, acero, piedra y tierra, por lo que no son económicamente muy costosas.

Para que una construcción pueda tener un comportamiento adecuado durante un sismo, el planeamiento y diseño de esta debe estar a cargo del arquitecto(s) e ingeniero(s) encargados de la obra y deben tomar en cuenta distintos aspectos.

Las construcciones antisísmicas se han implementado en países que han sido afectados por sismos de gran magnitud, y han arrojado muy buenos resultados. Se espera que estas construcciones aumenten en el futuro, pues fuertes terremotos se producirán en próximos años.

<u>ÍNDICE</u>

INTRODUCCIÓN 4

DESARROLLO 5

   LOS SISMOS: LA CAUSA DE LAS CONSTRUCCIONES ANTISÍSMICAS 5

      ¿Qué son los sismos? 5

      ¿Por qué suceden los sismos? 5

      Magnitud e intensidad de un sismo 6

      Efectos sísmicos en las construcciones 6

   CONSTRUCCIONES ANTISÍSMICAS 7

      ¿Qué son las construcciones antisísmicas? 7

      Antecedentes históricos 7

      Principales características de las construcciones antisísmicas 7

      Planeamiento y diseño sismorresistente (seguridad) 8

      Técnicas antisísmicas 9

      Presente y futuro de las construcciones antisísmicas (implementación) 10

CONCLUSIÓN 11

REFERENCIAS 12

<u>INTRODUCCIÓN</u>

Las construcciones antisísmicas están dando bastante de que hablar en el campo de la ingeniería, pues pese a que no son relativamente nuevas, hoy más que nunca están teniendo un papel muy destacado.

Por ello, en este trabajo se mencionará todo lo relacionado a dichas construcciones, como su definición, antecedentes históricos, características, diseño, técnicas empleadas y el presente y futuro de estas. Pero, como para hablar de construcciones antisísmicas es muy necesario primero conocer aspectos generales de los sismos, también se mencionará la definición de estos, los motivos por los que se producen, algunos de sus aspectos y los daños que pueden ocasionar a las construcciones.

Debido a que adoptaré una postura a favor de estas construcciones, mi *tesis* será la siguiente:

"Las construcciones antisísmicas poseen numerosas e interesantes características que las hacen especialmente importantes ante la llegada de un terremoto".

<u>**DESARROLLO**</u>

LOS SISMOS: LA CAUSA DE LAS CONSTRUCCIONES ANTISÍSMICAS

¿Qué son los sismos?

Los sismos (también conocidos como terremotos) son movimientos del suelo producidos debido a procesos geológicos que tienen lugar en la corteza terrestre (Sociedad Alemana de Ingeniería Sísmica y Dinámica Estructural, 1991). Estos fenómenos naturales son tan antiguos como nuestro planeta mismo, y han causado graves daños a la humanidad a lo largo de la historia.

La ciencia que estudia los sismos es una rama de la geofísica denominada sismología, la cual ha tenido importantes avances en años recientes.

¿Por qué suceden los sismos?

Estos fenómenos naturales se explican por la teoría llamada tectónica de placas. Esta menciona que la litosfera, una capa externa de la Tierra que consta de un espesor aproximado de 80 km, se encuentra dividida en grandes placas, las cuales se mueven entre sí y se desplazan varios centímetros por año. Cuando dichas placas hacen contacto, se generan grandes esfuerzos en el material que las constituye. Si los esfuerzos sobrepasan la resistencia de la roca, se da una ruptura de forma violenta ocasionada por la liberación de forma repentina de la energía acumulada. Desde el hipocentro, dicha energía se manifiesta a través de ondas que se propagan por el medio sólido de la tierra en diferentes direcciones, las cuales reciben el nombre de ondas sísmicas y son las causantes de los terremotos. (CENAPRED, 2014)

En México, la gran cantidad de sismos se deben al constante movimiento de cuatro placas tectónicas: Cocos, Norteamericana, Rivera y del Pacífico. A la zona donde se convergen dichas placas se le conoce como Cinturón de Fuego del Pacífico.

Magnitud e intensidad de un sismo

La magnitud e intensidad de un sismo son conceptos que en ocasiones pueden confundirse, sin embargo, poseen significados distintos.

La magnitud de un sismo es una medida del tamaño del mismo y se relaciona en forma aproximada con la cantidad de energía que llega a liberarse durante el evento. La escala de magnitudes más común es la de Richter, en la cual cada incremento de una unidad significa un aumento de 32 veces en la cantidad de energía liberada. En cambio, la intensidad de un sismo es una medida de los efectos que este produce en un sitio dado, es decir, las características del movimiento del terreno y la potencialidad destructiva del sismo (efectos en las construcciones) en ese sitio. La escala más utilizada para medir la intensidad es la de Mercalli modificada. (Meli, 2002)

Efectos sísmicos en las construcciones

Las vibraciones que se originan debido a los bruscos desplazamientos del subsuelo en el epicentro del sismo se transmiten en forma de ondas terrestres a través del subsuelo, y a lo largo de la superficie terrestre. Si dichas ondas se topan con un edificio, entonces este es acelerado. Debido a esto, se originan las denominadas fuerzas sísmicas, las cuales se caracterizan por oponerse al movimiento. Estas fuerzas dependen de diversos factores, como la aceleración del terreno y el comportamiento oscilatorio de la construcción. (DGEB, 1991)

Por tanto, si un edificio no es construido adecuadamente, un sismo puede causar graves daños a su estructura, desde fisuras o grietas en los muros, hasta el derrumbamiento total o parcial del mismo.

A medida que pasan los años, la "furia" de nuestro planeta parece ir en aumento, pues cada vez más frecuentemente se producen sismos de gran magnitud e intensidad, los cuales provocan daños a edificaciones que se ven reflejados en pérdidas humanas y económicas. Por ello, son muy necesarias las construcciones que ayuden a evitar este tipo de daños y tragedias. Estas construcciones reciben el nombre de *construcciones antisísmicas.*

CONSTRUCCIONES ANTISÍSMICAS

¿Qué son las construcciones antisísmicas?

Las construcciones antisísmicas, como se dejó ver anteriormente, son aquellas edificaciones y estructuras construidas para soportar sismos con una mayor resistencia.

Antecedentes históricos

Las construcciones antisísmicas, aunque parezca un tanto increíble, son bastante antiguas, pues sus primeras apariciones se remontan a miles de años atrás.

Por ejemplo, Caral (Perú), conocida como la ciudad más antigua de América y recientemente declarada Patrimonio de la Humanidad por la UNESCO, fue la capital de la civilización Caral, la cual se desarrolló entre los años 3000 a.C. y 1800 a.C., a la par de civilizaciones como Egipto o Mesopotamia. Recientes estudios han develado que las 32 pirámides localizadas en dicha ciudad cuentan con una sorprendente tecnología en construcción que puede resistir hasta un sismo de 7,5 grados en la escala de Richter.

Otro ejemplo es el poblado prehistórico en Akrotiri sobre la isla de Thera (Grecia). Aproximadamente en el año 1500 a.C., el volcán de dicha isla hizo erupción, y sumergió gran parte de ella, además de que cubrió la superficie restante con una gruesa capa de ceniza volcánica. A pesar de la magnitud del suceso, recientes excavaciones descubrieron un barrio densamente edificado con una gran variedad de construcciones decoradas con murales, rodeadas de calles con pavimentos y con un sistema de drenaje subterráneo. Este hecho adquiere aún más importancia si se toma en cuenta que dicho lugar se encuentra situado en una región de alto riesgo sísmico. (Touliatos, 1996)

Principales características de las construcciones antisísmicas

Estas construcciones, al igual que cualquier otra, pueden ser edificadas a base de materiales como hormigón, madera, acero, piedra e inclusive tierra, por lo que no llegan a ser económicamente muy costosas.

Sin embargo, estas construcciones, como su nombre lo indica, deben constar de características especiales que les permitan tener una mayor resistencia a los sismos. Según la DGEB (1991) "las construcciones antisísmicas apuntan a un comportamiento vibratorio favorable de la construcción, una correcta absorción de cargas entre cada uno de los sectores constructivos y una adecuada ductilidad del edificio" (p.34)

Tomando en cuenta lo anterior, las construcciones antisísmicas deben entonces ser seguras, elásticas y simétricas. Pero, para que estas características se logren, debe de existir un correcto planeamiento y diseño de la construcción. Esto se detalla a continuación.

Planeamiento y diseño sismorresistente (seguridad)

El planeamiento y diseño sismorresistente son fundamentales para que una construcción pueda comportarse adecuadamente cuando un terremoto se produzca y de esta forma garantice seguridad. Por lo tanto, el planeamiento y diseño sismorresistente son tarea común del arquitecto(s) e ingeniero(s) encargados de la obra (DGEB, 1991).

En general, para diseñar una construcción antisísmica, se debe considerar primero la frecuencia con la que se producen sismos en el lugar donde esta se encontrará y la estabilidad del terreno, para que en base a ello se puedan definir los detalles constructivos y los materiales que se utilizarán.

Aunque parezca un tanto contradictorio, debido a que un sismo de gran magnitud puede exigir bastante a una estructura, no es económicamente factible diseñar para que las construcciones puedan resistir grandes terremotos sin daño alguno, pues estos pueden presentarse frecuentemente (Meli, 2002).

Si se toma en cuenta lo anterior, se puede decir entonces que el diseño sismorresistente tiene dos objetivos principales:

- El primero es lograr que cuando se presente algún sismo, la estructura no se derrumbe o presente daños completamente irreparables. Para ello se puede recurrir a la utilización de técnicas antisísmicas, de las cuales se hablará más adelante.

- El segundo es evitar que se cause pánico y daños en la salud a los habitantes de una construcción cuando se produzca un sismo.

Recientemente se ha creado polémica con respecto al diseño sismorresistente, pues para satisfacer los objetivos anteriores se sigue discutiendo que construcciones ofrecen mayores ventajas, si las blandas o las rígidas. Construcciones blandas son aquellas en las que las fuerzas horizontales son absorbidas por pórticos y las construcciones rígidas son aquellas en las que las fuerzas horizontales son absorbidas por tabiques. Las construcciones rígidas vibran más rápidamente que las construcciones blandas, lo cual quiere decir que estas últimas reciben una menor carga sísmica. Si se hace un pequeño análisis, nos podremos dar cuenta que las dos construcciones son aceptables, pues sólo las circunstancias dirán cual es más conveniente. Por ejemplo, las construcciones blandas son mayormente favorables en zonas sísmicas cuando periodos de vibración más elevados no produzcan daños en, por ejemplo, elementos no portantes. (DGEB, 1991)

Técnicas antisísmicas

Las técnicas antisísmicas son sistemas de prevención que tienen como fin evitar que una edificación sutra graves daños en su estructura ouando un sismo se produzca (Hildebrandt Gruppe, 2015). Las más utilizadas son disipación y aislamiento:

Disipación: produce una especie de amortiguación mediante un sistema que absorbe la energía del sismo y la disipa en materiales que se deforman sin llegar al colapso. De esta manera disminuyen el movimiento, la deformación de la estructura y los daños a las subestructuras de la construooión.

En cuanto a la estructura, se trata de barras de acero que se encuentran colocadas en forma de cruz, junto a un sistema de amortiguación en el centro que se encarga de recibir y disipar la energía del terremoto.

<u>Aislamiento</u>: este sistema desacopla al edificio del suelo por medio de dispositivos que absorben la energía del sismo al deformarse con el movimiento, evitando de esta forma la deformación de la estructura que soportan. Estos elementos pueden ser de distintas formas y estar compuestos de diversos materiales, aunque los más usados están hechos de caucho.

Al separar al edificio de sus cimientos, cuando ocurre algún movimiento telúrico la base recibe el impacto y los aisladores se encargan de disipar la energía. El resto de la construcción se mueve de forma lenta y actúa como una unidad separada.

Presente y futuro de las construcciones antisísmicas (implementación)

En los últimos años, la humanidad ha sido testigo de la significativa ola de desastres que han provocado los sismos. Basta con echar una mirada a los daños causados por terremotos como el acontecido en Japón en el año 2011 para darnos cuenta de esto. Por ello, en países como Chile, México, Indonesia, Estados Unidos de América, Japón y Rusia, donde los sismos se presentan con mayor frecuencia, se han implementado de forma significativa las construcciones antisísmicas, y han arrojado excelentes resultados. El caso de Chile en particular, es especialmente sorprendente, pues pese a ser "el país más sísmico del mundo", las construcciones de ese lugar han sufrido pocos daños tras los recientes terremotos ocurridos, sumado a que la cantidad de personas muertas ha sido mínima.

Se espera que el número de construcciones antisísmicas aumente significativamente, pues la cantidad de sismos se incrementará en el futuro debido a los constantes movimientos que presentan las placas tectónicas. También se espera que la tecnología empleada en la edificación de estas construcciones progrese considerablemente en los próximos años.

CONCLUSIÓN

<u>Síntesis:</u> Como se pudo ver, los sismos (o terremotos) son fenómenos naturales generados por el movimiento de las placas tectónicas, los cuales llegan a ser bastante impredecibles, debido a que pueden presentarse en cualquier lugar y a cualquier hora. Si un sismo llega a presentarse en una zona urbana y posee una gran magnitud, este puede causar graves daños a construcciones, lo que a su vez genera pérdidas humanas y económicas. Históricamente, el hombre se ha visto muy afectado por dichos fenómenos.

Sin embargo, gracias a los constantes avances de la sismología y de la ingeniería, se han podido construir edificaciones y estructuras que presenten una mayor resistencia ante los sismos y que garanticen seguridad, las cuales reciben el nombre de construcciones antisísmicas. Estas construcciones, debido a que no son excesivamente costosas y se pueden edificar a base de distintos materiales, se han implementado en países con alto riesgo sísmico como Chile, Japón y México, en donde han arrojado excelentes resultados. Puesto que frecuentemente se presentan sismos de gran magnitud, es muy probable que estas construcciones aumenten en el futuro.

<u>Reflexión final:</u> Me parece que las construcciones antisísmicas son muy necesarias, pues evitan que los sismos causen graves daños a las construcciones y por tanto, a la humanidad. Creo que a todos nos preocupa nuestro bienestar y el de los demás, por lo que si queremos un mejor futuro, debemos comenzar a implementar seguridad en los lugares que diario pisamos.

REFERENCIAS

- Centro Nacional de Prevención de Desastres (2014). *Sismos* (1era ed., pp. 6-11). México D.F.: Centro Nacional de Prevención de Desastres. Recuperado de http://www.cenapred.gob.mx/es/Publicaciones/archivos/163-FASCCULOSISMOS.PDF

- Hildebrandt Gruppe (2015). *Técnicas de la arquitectura antisísmica. www.hildebrandt.cl*. Recuperado el 16 de octubre de 2015, de http://www.hildebrandt.cl/tecnicas-de-la-arquitectura-antisismica/

- ideasparaconstruir.com (2015). *¿Cómo se construyen las obras sismo resistentes?*. Recuperado el 16 de octubre de 2015, de http://ideasparaconstruir.com/n/5488/como-se-construyen-las-obras-sismo-resistentes.html

- Meli, R. (2002). *Diseño estructural* (2da ed., pp. 407-434). México D.F.: Limusa. Recuperado de http://es.scribd.com/doc/159445519/Diseno-Estructural-Meli-Piralla#scribd

- Sociedad Alemana de Ingeniería Sísmica y Dinámica Estructural (1991). *Construcciones antisísmicas* (1era ed., pp. 3-43). Berlín: DGEB. Recuperado de http://www.dgeb.eu/files/Dokumente/Heft_1.pdf

- Touliatos, P. (1996). *Prevención de desastres sísmicos* (1era ed., p. 288). Atenas: Universidad Politécnica Nacional de Atenas. Recuperado de http://cidbimena.desastres.hn/pdf/spa/doc8277/doc8277-b.pdf

- www.20minutos.es (2011). *La ciudad más antigua de América ya tenía construcciones antisísmicas hace 5.000 años*. Recuperado el 8 de octubre de 2015, de http://www.20minutos.es/noticia/1205065/0/caral-peru/piramides-antisismicas/genetica-agraria/

- www.arkiplus.com (2013). *Construcción antisísmica*. Recuperado el 8 de octubre de 2015, de http://www.arkiplus.com/construccion-antisismica

- www.prabyc.com.co (2013). *¿Cómo se construye un edificio antisísmico?*. Recuperado el 16 de octubre de 2015, de http://www.prabyc.com.co/Noticias/181/-Como-se-construye-un-edificio-antisismico-
- Zamorano, A. (2015). *Terremoto en Chile: el secreto de sus construcciones antisísmicas. www.bbc.com.* Recuperado el 8 de octubre de 2015, de http://www.bbc.com/mundo/noticias/2014/04/140402_chile_terremoto_edifici os_az